我长大了

——大熊猫茜茜成长故事

张志和○著

五洲传播出版社

作者的话

　　大熊猫，在地球上存活了八百多万年，不断适应环境的变迁，经历难以想象的种种磨难，一直走到今天。它们可爱，它们睿智，但它们也很脆弱——人类不经意的微小举动，或许就能轻易摧毁它们赖以生存的家园，甚至左右它们的生死。

　　大熊猫的命运与人类相属相连。我们唯一能做的就是保护它们，让这些从湮远年代中走来的精灵，一代一代繁衍生息，继续走向更广、更远的世界。

　　7年前，大熊猫茜茜在成都熊猫基地降生，我在工作间隙进行了将近一年的跟踪拍摄，记录下一只圈养大熊猫由小变大、由弱变强的一个个瞬间。如今，有机会在此呈现给更多喜爱大熊猫的大小朋友，实在是一件令人欣慰的事情。人们都说小孩子一天一个样儿，大熊猫宝宝何尝不是如此！在这里，经由茜茜的自述，大家可以了

解大熊猫宝宝成长的秘密，一起感受大熊猫妈妈以及饲养员那份沉甸甸的爱，一起体会大熊猫对重返森林的那份渴望……

大熊猫的世界里一样有思想，有亲情，有感恩，有希望。看着大熊猫憨态可掬又勇猛坚毅的面庞，回溯它们激荡着风声水声的悠远历史，我深觉自己是如此幸运，能投身到对"这群孩子"的研究与保护事业中。

谨以此书，献给所有热爱大熊猫的热心人士，献给天底下最伟大的母爱，献给人类自然生态保护事业的未来。

張志和

2020 年 5 月 22 日

目录

开场白 6

出生第一天 8

第二天 10

第三天 12

第四天 14

第五天 16

第六天 18

第七天 20

第八天 22

第九天 24

第十天 26

第十一天 28

第十二天 30

第十三天 32

第十四天 34

第十五天 36

第十六天 38

第十七天 40

第十八天 42

第十九天 44

第二十天 46

第二十一天 48

第二十二天 50

第二十三天 52

第二十四天 54

第二十五天 56

第二十六天 58

第二十七天 60

第二十八天 62

第二十九天 64

第三十天 66

第三十一天 68

第三十二天 72

第三十三天 74

第三十八天 76

第四十一天 78

第四十三天 80

第五十一天 82

第五十七天 84

第五十九天 86

第六十四天 88

第七十一天 90

第七十八天 92

第八十五天 94

第九十一天 96

第九十二天 98

第九十三天 100

第九十九天 102

第一百天 104

第一百零一天 106

第一百零六天 108

第一百零七天 110

第一百一十一天 112

第一百一十二天 114

第一百一十四天 116

第一百二十一天 118

第一百二十五天 120

第一百二十七天 122

第一百三十二天 124

第一百五十三天 126

第一百六十一天 128

第二百一十一天 130

第二百一十八天 132

第三百二十一天 134

第三百三十二天 136

第三百三十六天 138

尾声 140

开场白

〜〜〜〜〜〜〜〜〜〜〜〜〜〜〜〜〜〜〜

     大家好！我叫茜茜，是一名"女生"。2020年我就满7岁了，时间过得真快呀！

     2013年8月14日，我诞生在四川成都北郊一个风景特别美丽的地方——成都大熊猫繁育研究基地。这里有我的妈妈，还有很多很多一起玩儿的小伙伴儿，是我最爱的家园。熊猫基地的叔叔阿姨们对我寄予厚望，希望我长大后能够美貌与智慧并重！

     这里，给大家讲讲我最初的成长故事吧！

我 的 肖 像 画

嗨，你好！

出生第一天

我出生时只有 183 克！全身粉粉的，除了腹部、耳朵和眼圈周围，身体上下都裹着一层细细的白色胎毛。因为在妈妈的肚子里只待了 4 个多月，眼睛完全没有眼睛的模样，只有一对微微凸起的小黑点；耳朵也只是两粒小瓣儿。看见我的长尾巴了没？是不是与你印象中的大熊猫不一样？刚刚从妈妈温暖的肚子里出来，我又冷又饿，必须要吃上妈妈的初乳，获得足量的初乳抗体，否则就可能会有生命危险。

因为脱水的关系，今天我的体重减轻了 13.5 克。看出我有什么变化了吗？从我出生的那一刻起，妈妈就用她大大的前掌给我做了一个"育儿袋"。大多时候，我都乖乖地待在里面。若感觉我有点热了，妈妈就允许我探出脑袋或露出屁股。妈妈还用她温暖的舌头轻轻地舔舐我，帮助我洗澡、刺激我拉粑粑。我喜欢妈妈身上暖烘烘的气息。

看出我的变化了吗？

第二天

3

育幼箱里真舒服！

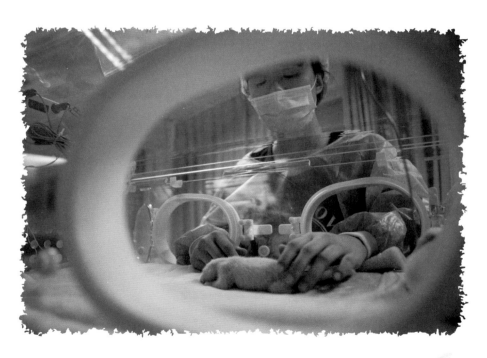

第三天

　　看见我的黑眼圈了吗？由于脱水，我的体重又下降了一点点，变成了 163 克。但不用为我担心，一切都很正常，我努力地吸吮妈妈的美味乳汁，胃口棒棒的！每天，照顾我的饲养员阿姨都会给我体检，看我体温是否正常，是否吃上了妈妈的母乳，是不是又变重了、长高了等等，她会对我的每一步成长做最详实的记录。看到我的育幼箱没？这里面有软软的小垫子和最适宜的温度、湿度，躺在里面就像在妈妈怀里一样！

瞧我这跃跃欲试的样子！

第四天

今日体重：164.8 克。我的体重已经是连续 3 天低于刚出生的时候了。我的耳朵和眼圈的颜色微微变黑，耳朵的形状从小粒状变得稍微扁圆一些了。尽管我看不到、听不到，四肢也不能支撑我的身体，但我还是忍不住想踢踢腿，动一动。而且，我的尾巴能帮我保持平衡，爬行几步还是可以的！

经过努力追赶，我的体重开始噌噌地往上涨，达到了 171.3 克。我的喝奶量也正呈现加速增长趋势，妈妈不再整日把我紧紧捂在"育儿袋"中了，我终于可以感受外面的世界了。不过，只要肚子饿了、要解便了，我就会大声地提醒妈妈。我的声音又尖锐又洪亮，一听到我的召唤，妈妈立刻就会用舌头或嘴巴温柔地安抚我，直到我安静下来。

听，我在叫妈妈呢！

第五天

6

看，黑眼圈出来了！

第六天

妈妈的乳汁暖暖的、甜甜的，引得我想一直吸吮。伴随着妈妈香香的气息，我趴在妈妈的肚子上，用力蹬后脚，尾巴高高翘起。妈妈说，只有吃得饱饱的，皮肤才能红润、声音才能洪亮。看，我今天的体重已经达到 194.1 克，可以隐隐看到我的黑眼圈、黑耳朵啦！

　　今日体重：209.1 克。刚生下来这几天，妈妈随时都会把我抱在怀里，连吃饭的时候也是。她总是一只手拿着竹笋，一只手搂着我。如果我觉得这样抱着不舒服了，就会大喊大叫，而妈妈顾不上多吃几口就会马上停下来安抚我。我最喜欢妈妈用大大的舌头舔舐我，然后用嘴唇轻轻碰触我。在妈妈的安抚下，很快，我就能平静下来，沉沉睡去。

妈妈舔舔好舒服呀！

第七天

妈妈的乳汁真香啊!

第八天

　　今日体重：235 克。我的肩胛和前肢终于开始微微泛黑了，是不是很快就可以长成真正的大熊猫模样了呢？今天我的叫声格外清脆响亮，肤色红润，活动也十分有力，这是因为我今天喝奶喝得格外的饱。据说，妈妈的乳汁营养丰富，是我成长的关键，其中所含的维生素和微量元素远高于其他家畜乳汁。可以说，我出生后最好的粮食就是妈妈的香甜乳汁，这是任何东西都不能取代的。

　　今日体重：260 克。快来看我的熊猫眼！耳朵和肩胛也变得更黑了！只是还达不到妈妈那样黑白相间的模样，但不要着急哟，只需再等一个月，我就能有明显的黑白颜色了。我要大口喝奶，快快长得和妈妈一样漂亮！

现在还是个"丑小丫"。

第九天

刚吃完又进入了梦乡……

第十天

　　今日体重：288.1 克。出生的第一天，我只喝了 8.1 克妈妈的奶。第二天的奶量是 13.4 克，第三天是 33.5 克，第四天是 44 克，第五天 65.5 克，第六天 60 克，第七天 66.5 克……从最初每天吃奶 4 次左右到现在每天 7 次左右，我的胃口越来越好了！和人类新生宝宝差不多，我也是吃了睡，睡了吃，大部分时间都在呼呼大睡。充足的睡眠能使我免受外界的干扰，让机体的各项生理功能不断完善，得到充分发育。睡得好，黑眼圈才能越发明显，是不是很有趣？

　　今日体重：329.7克。看我手脚摆动、挥手打招呼的样子是不是超萌啊？我现在仍然处于出生后最危险的关键期，身体非常脆弱，稍有不慎就有可能夭折。好在，我有超级细心的妈妈和饲养员，他们全天候的细致照顾促使我健康成长。

闭着眼睛挥挥小手。

第十一天

2013 年 8 月 25 日

世 上 只 有 妈 妈 好 !

第 十 二 天

　　今日体重：363.7 克。时不时我会在妈妈的怀里撒娇，妈妈爱的表达就是不停地舔舐我。每隔一段时间，妈妈还会舔舐我的屁股。这是因为，我还不会自己排便，需要妈妈舔舐刺激。记得我刚生下来的那些日子，为了看护我这个小不点儿，妈妈数日不吃不喝，把我搂在怀里，还不断变换抱的姿势，只为让我感觉更舒服一些，偶尔才眯上眼睛打个盹儿。妈妈对我的照顾和爱，和人类有什么差别呢？

今日体重：398.8 克。我的后肢和嘴巴也开始变色了！因为我听不到也看不见，所以只能依靠灵敏的鼻子来感受这个世界。若我感觉饿了、热了、渴了、冷了，我会发出不同的叫声提醒妈妈。妈妈和我越来越有默契，别看妈妈的样子好像不怎么灵巧，但是照顾我可是非常细心周到呢！

好想睁开眼睛呀！

第十三天

妈妈不在身边我也乖乖的！

第十四天

　　今日体重：423克。和我同年出生的"囡囡"的妈妈"大娇子"奶水不足，为了让她也能吃上足够的母乳，熊猫基地的饲养员会等我吃饱了以后，把她带到妈妈这里来吃点奶水。这时候我就会躺在事先为我准备好的育幼箱内。我的育幼箱就像人类的早产婴儿培养箱，饲养员会将箱内的温度与湿度调节到最佳状态，让我就像躺在妈妈怀里那么舒适。

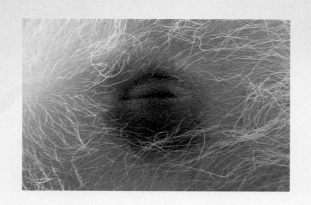

今日体重：455 克。我还长出了非常漂亮的眼睫毛，只是由于黑眼圈的缘故，若不仔细观察很容易被忽视。你能看出来吗？看不清也没关系，等长大后，我的眼睫毛会变得又黑又长，肯定让你大吃一惊！

看见我的眼睫毛了没?

第十五天

2013 年 8 月 29 日

"功夫熊猫" 就是我!

第十六天

　　今日体重：503.2 克。我出生的时候，脚掌上的指甲细细软软的。随着我慢慢长大，指甲会逐渐变长、变硬。很多人觉得大熊猫胖乎乎的，看起来可爱又笨拙，事实上我们却身怀爬树和攀岩的"绝世武功"！把刀锋一样的指甲稳稳地摁在树皮或地面上，我们可以飞快地在竹林中穿行、迅速地爬上高高的大树，速度之快绝对让对手自叹不如！

今日体重：534 克。我黑色肩胛上的白色胎毛比刚生下来的时候浓密多了，耳朵和眼圈也长出了黑色的新被毛。终有一日我将黑白分明，长成大熊猫家族标志性的傲人色彩！

17

我是不是越来越像妈妈了？

第十七天

"好奇宝宝" 加油！

第十八天

　　今日体重：567.2 克。我的耳朵长大啦！你看像不像一朵小黑蘑菇？最近我的爬行练习进行得越发困难了，前肢勉强可以支撑起我的头部，而后肢力量不足，挪动一下都比较费力，好多时候只能原地蠕动绕圈圈！但即便这样，也按捺不住我那颗活跃的心，谁叫我是个"好奇宝宝"呢？

　　今日体重：617.2 克。前面也说过，如果我感到不舒服或者饿了的时候，会发出尖锐的叫声。我可以发出吱吱、哇哇的声音，向妈妈表达我的想法。妈妈会根据我的不同声音做出反应，及时满足我的需求。所以，我与妈妈沟通主要靠的是声音。

妈妈总是最懂我！

第十九天

我有一双巧巧手！

第二十天

今日体重：638 克。我的前后掌都有 5 个趾头，脚掌底部的足垫厚厚的，以后还会变得又硬又厚而且覆盖浓密的粗毛。那时候，我就可以像爸爸妈妈一样，稳稳当当地在潮湿、光滑的竹林间行走或攀爬了。你注意到了吗？我的前掌上还有一根"大拇指"，大家都称它为"伪拇指"。这其实是大熊猫在进化过程中，腕部籽骨增生膨大形成的一个肉垫。尽管没有人类的大拇指那么灵活，但它可以和其他 5 个趾头实现对握，就能像人类一样灵活地抓握东西了。

　　今日体重：686.8 克。黑毛区的黑毛和白色胎毛长得更长了，光滑的腹部也开始长毛了。你知道吗？我们大熊猫的黑白色可以帮助我们在雪地里很好地隐蔽，让捕猎者不能够轻易地判断出我们的位置和轮廓。是不是很感叹熊猫家族的"大智慧"？

2013 年 9 月 3 日

像不像一个糯米团子？

第二十一天

2013 年 9 月 4 日

又做了一个美梦！

第二十二天

　　今日体重：738.4克。像人类的婴儿一样，除了喝奶，我一天的大部分时间都在睡觉。在你们印象中，大熊猫是不是整天就像这样除了吃就是睡呀？其实，这是我们保存体能、适应环境的"养生之道"。长大后，我们主要吃竹子，但无奈竹子的营养太少了，不能够提供太多的能量，所以我们才要不停地吃和睡。而且，圈养的大熊猫比野外的大熊猫还能睡觉，因为我们不需要四处开拓领地和寻找食物。

今日体重：789.4克。在我长到三个月之前，妈妈除了把我抱在她温暖的怀里，有时还会把我衔在她的嘴巴里，叼着四处走动，就像人类的爸爸妈妈抱着婴儿四处走动一样。千万不要因为妈妈锋利的牙齿而为我担心哟，妈妈衔住我的时候非常有技巧，力度刚刚好，可以保证我不受到一点点伤害。

妈妈，您辛苦了！

第二十三天

24

我 的 "墨镜" 够酷吧?

第 二 十 四 天

今日体重：843.6克。看我的"墨镜"酷不酷？千万不要觉得我这个样子是为了摆酷哟！黑眼圈对我们大熊猫来说可是有特殊用途的，可以帮助我们遮挡阳光，吸收紫外线，减弱摄入眼睛的光线。长大以后，黑眼圈还可以用来迷惑那些对我们有威胁的动物，如果它们看到我的脸，会认为我正用超级大的眼睛盯着它们看，吓得它们不敢轻举妄动的时候，我就可以赶紧开溜啦！

　　今日体重：865.6 克。除了喂奶，妈妈在大部分时间会不断地用软软的舌头舔舐我的全身。要知道妈妈舔舐的作用可大了——可以帮助我清洁身体、抗菌消毒、促进身体表面的微循环以保持皮肤温度，还能够帮助我顺利排便呢！

看我多干净!

第二十五天

妈妈爱我，
我爱妈妈！

第二十六天

　　今日体重：899.2克。虽然我现在的活动量比刚出生时大多了，但是一天中的大部分时间还是在睡觉。睡醒之后，我会不安分地蠕动，这个时候妈妈就会用她那厚厚的前掌按住我。哎！妈妈，我真的好想动一动呀！

今日体重：917.4 克。看到我长长的、漂亮的眼睫毛没？这都是继承了爸爸妈妈的美貌！每天，除了在妈妈的怀里待着，偶尔我也会被饲养员抱到育幼室里。育幼室距离妈妈不远，这里又大又宽敞，空气清新怡人。我在这里享受到不一般的"贵宾"待遇，这里的饲养员通常 24 小时守护我们，他们是我最最亲切的"第二妈妈"。

看我又睡着了!

第二十七天

28

体重突破一千克，纪念一下！

第二十八天

今日体重：1004克。每天吃饱睡好，体重终于突破一千克啦！你看，我嘴角变得更黑了！现在我的鼻头变化还不太明显，但可别小瞧了它，长大以后，我的嗅觉将会变得超级灵敏，可以闻到很多东西，比你们人类的警犬还要厉害哟！在野外，我们可以通过鼻子判定竹子是否新鲜，还能够通过鼻子来进行同伴之间的交流。而且大熊猫长大"谈恋爱"的时候，嗅觉可是能发挥巨大作用哦！

今日体重：1008.6克。对我们大熊猫而言，舌头是摄取水分的重要帮手。我们的舌头上还长有舌乳头，长大以后可以用来梳理皮毛。不光如此，大熊猫的舌头对苦味特别敏感，可以帮助我们规避一些有毒的食物，降低中毒风险。

2013 年 9 月 11 日

我可是天生的卷舌好手！

第二十九天

30

唉，实在是看不清楚呀！

第三十天

今日体重：1064.4 克。刚出生时，我的眼睛还只是一条细小的缝。随着我慢慢长大，小缝慢慢长开了，终于有了眼睛的模样，但是上下眼睑还没有分离，要再等一段时间我才可以睁眼看世界。不过，我是天生的"近视眼"，即使以后长大了，也属于"高度近视"！想喝奶的时候，我会在妈妈怀里寻着奶香找到乳头，然后拼命吮吸。有时候我会把饲养员的手指当成乳头吸个不停，是不是跟人类的小婴儿很像呀？

今日体重：1095.4 克。脑袋大了一圈，黑眼圈已经成型，肩胛和腿部的黑绒毛越来越浓密，小耳朵也长大了，四肢更粗壮了，越来越有妈妈的范儿了！你看，我在用尽全身力气打滚呢！现在，我有点等不及了，好希望能快点睁开眼睛，见到我最亲爱的妈妈！

大家也把我们叫 "滚滚" ！

第三十一天

体重（克）

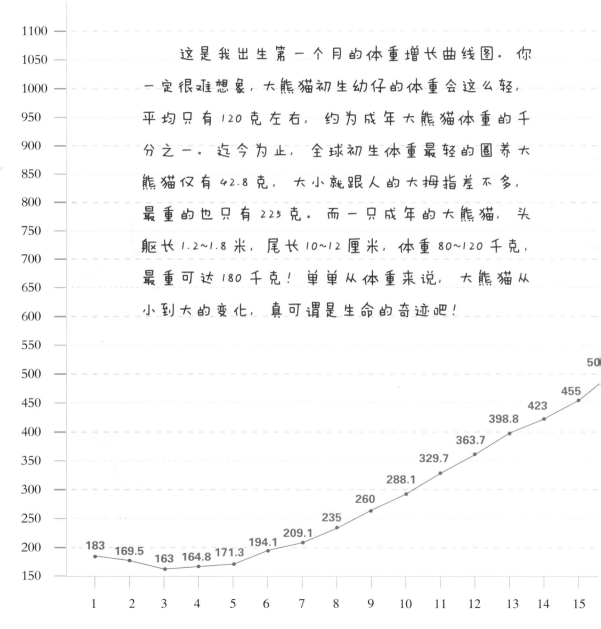

这是我出生第一个月的体重增长曲线图。你一定很难想象，大熊猫初生幼仔的体重会这么轻，平均只有120克左右，约为成年大熊猫体重的千分之一。迄今为止，全球初生体重最轻的圈养大熊猫仅有42.8克，大小就跟人的大拇指差不多，最重的也只有225克。而一只成年的大熊猫，头躯长1.2~1.8米，尾长10~12厘米，体重80~120千克，最重可达180千克！单单从体重来说，大熊猫从小到大的变化，真可谓是生命的奇迹吧！

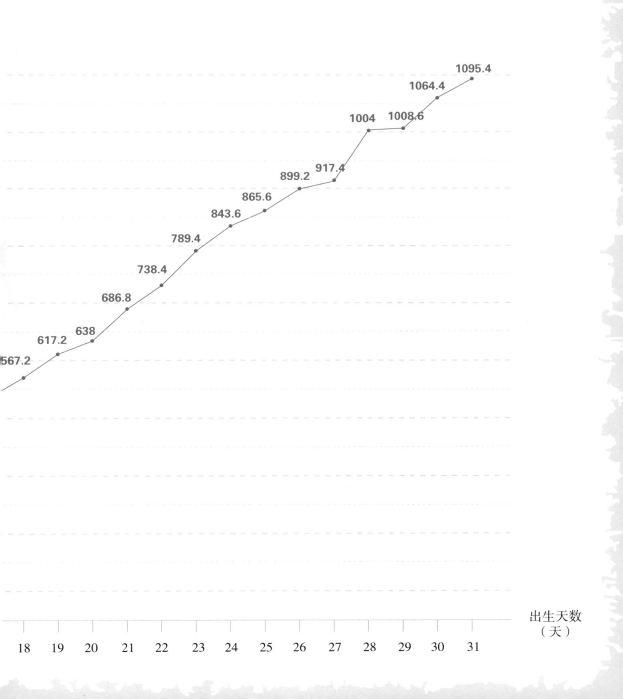

567.2

617.2

638

686.8

738.4

789.4

843.6

865.6

899.2

917.4

1004

1008.6

1064.4

1095.4

出生天数
（天）

18 19 20 21 22 23 24 25 26 27 28 29 30 31

32

今天"满月"啦!

第三十二天

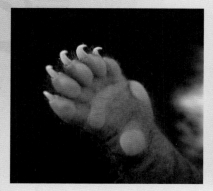

　　从 8 月 14 日出生，到今天 9 月 14 日，我终于"满月"啦！饲养员忙着为我测量体重、体温、体尺和心率等。这一个月是我的迅速成长期，我会蹬四肢了，会匍匐前进，更学会了妈妈的招牌动作——睡觉时为避免光线射入，用手掌遮住眼睛。这个习惯会一直伴随着我，这样做可以保护"熊猫眼"不被强光干扰，安心地睡觉。是不是和你们人类睡觉时喜欢关灯很像呢？

　　随着一天天长大，我身上的绒毛还会脱落哟！大熊猫一生中会经历多次换毛，一般随着季节变化集中在每年的四五月份。其他时候也偶尔会有少量的、不明显的换毛。幼年大熊猫换毛时，原先的绒毛会从身上脱落，全身上下会显得有些发黑，待新的绒毛长好后，大熊猫就会变得比原先更加黑白分明，毛毛也会更光滑！

挠个痒痒真舒坦！

第三十三天

38

幸福，
就是和妈妈在一起！

第三十八天

　　我的眼睛可以睁开一条缝了,成了一个名副其实的"眯眯眼",不过我还是什么都看不见。这段时间,我的眼睛每天都会分泌黏液,这是我们大熊猫幼仔眼睛完全睁开的前兆!现在妈妈每天还是抱着我,用舌头给我梳理毛发,相信我第一次睁开眼睛看见的肯定是最亲爱的妈妈!

　　终于，我的眼睛差不多全睁开啦！不过呢，看东西还是朦朦胧胧的，我努力睁大眼睛去看这个全新的世界，可眼前还是模糊一片。其实不用着急，过不了几天，我的眼睛就能发育完全，到时候，就可以尽情享受这个世界的光明了！先伸个懒腰打个盹儿，嘻嘻。

活动筋骨，伸个懒腰！

第四十一天

我也很想尝尝蜂蜜水！

第四十三天

妈妈平时把我搂在怀里，生怕我磕着摔着，可无奈还是敌不过美食的诱惑。饲养员为了把我从妈妈怀里"偷"出来，往往会用食物来转移妈妈的注意力，这招可谓百试百灵！今天，饲养员从围栏外递过来一盆蜂蜜水，妈妈闻着蜂蜜水，嗯！实在太香啦！双手抱着盆就喝了起来，将我完全暴露在胸前，这个时候，饲养员就轻而易举地把我抱出去了。妈妈，可别光顾着吃而忘了娃呀！

　　今天我没什么精神，也不想动，可能是"秋乏"吧！我呆呆地趴在地上思考我的"熊生"，我在哪？我在干什么？妈妈去哪里了呀？想累了，我就平仰着睡一会儿，仿佛放空了自己，谁也别来打扰我！

想不明白时先放空自己……

第五十一天

我有小伙伴啰！

第五十七天

　　我终于来到户外啦！蓝蓝的天空，青青的草地，一切都是新鲜的！我真的变成了"好奇宝宝"，这闻闻，那看看，还收获了一个好姐妹。我俩亲密地靠在一起，有了她，探索新奇世界的路上就不再孤单。由于我天性警觉，在确定自己没有危险的情况下，才会进一步行动，所以今天并没有移动得太远。等我熟悉这里后，一定会撒了欢地玩，妈妈也追不上我，哈哈！

　　今天我爬上栖架了！是不是很厉害？这上面真高，我可以看到很远的地方。在户外，每个活动场都有很多个栖架供我们大熊猫攀爬、嬉戏和休息。栖架一般由原木制作，特别结实，即使像妈妈那样的大块头站上去也没有一点问题。每当我爬上栖架，饲养员和周边的游客都会称赞我"真棒"！

2013 年 10 月 11 日

在栖架上小憩一会儿。

第五十九天

无话不说的好伙伴。

第六十四天

今天也是特别开心的一天，我在活动场里胆子更大了，活动范围更广了，每个角落都会去看一看、玩一玩、嗅一嗅、爬一爬。这里有好多大熊猫宝宝，是名副其实的"熊猫幼儿园"。平时，我会在幼儿园里散散步，和我的兄弟姐妹们说说悄悄话。现在我们还没有太多体力打闹，大多时候只是喜欢挤在一起趴在栖架上四处张望，晒晒太阳，享受凉爽的秋风，特别惬意。

　　看我漂亮不？我感觉自己现在正值"熊颜巅峰"呢！以后，随着我在户外活动的增多，就很难见到这么雪白的"团子"了。很多人会问，为啥你们长大后白白的毛发都变黄了呢？嘿嘿，那是因为我们整天在地上摸爬滚打、折腾打闹，加上自己洗澡没有办法舔到背部，所以毛发就洗不出颜色来了，哈哈！

2013 年 10 月 23 日

"熊颜巅峰"，嘿嘿嘿！

第七十一天

91

2013 年 10 月 30 日

哎呀，
"笑不露齿"，
忘了！

第七十八天

　　今天，我的牙齿开始长出来了，虽然还是小小的乳牙，但也是一个巨大的进步！差不多到我一岁的时候，我的乳牙就能全部长齐，那时候，就能咬东西啦！

今天，外面天气不好，所以我和我的兄弟姐妹们在室内活动场休息。这里有适宜的温度和湿度，特别舒服。我们尽情打滚，嬉戏。你能在这么多熊猫当中找到我吗？注意观察，我的鼻梁上有坨看似黑色的毛发，这是属于我的独特标志哟！

2013 年 11 月 6 日

仔细瞅瞅，我鼻梁上那撮黑色毛发！

第八十五天

凉丝丝的空气真舒服！

第九十一天

　　天气渐渐变凉，我迎来了出生后的第一个冬天，走在活动场上有些冷飕飕的，但是我觉得特别舒服。因为我们有厚厚的毛皮，怕热不怕冷。冬天的环境温度较低，这时候我需要更多的能量来维持基础代谢和抵御寒冷，除了喝妈妈的奶水以外，饲养员还会给我精心调制营养丰富的"盆盆奶"。而在野外，随着冬季的到来，高海拔区域的竹子被大雪覆盖，大熊猫们会向低海拔的区域移动来躲避严寒和寻找食物。

　　我会用舌头自己梳理爪子上的毛毛了，是不是很厉害？咦？有人在拍我，赶紧先摆个 POSE。我的身体现在能这么干净、这么黑白分明，那是因为妈妈每天都会给我清理。每次"洗过澡"躺在妈妈的怀里，我都感到特别幸福和快乐！

一、二、三，拍吧！

第九十二天

被依靠的感觉很爽哦！

第九十三天

　　这是什么草？感觉香香的，让我尝一下！我们几个小伙伴在运动场里无拘无束地玩耍，每天好像都过得特别快。我们很喜欢把头靠在好朋友的身上，虽然不是一个妈妈所生，但我们从小就相互依偎、陪伴着长大，早已建立了坚不可摧的友情！

　　嬉戏打闹中，我们不知不觉学到了很多本领，如追逐、抱头、互咬、摔跤、压倒、爬背等等。如果打不过其他熊猫宝宝，我会抱头趴下"嗯嗯"地叫，意思是：我不打啦！我投降！但是，当遇到打不过我的小伙伴时，我会"毫不手软"，任凭他们求饶也不停下来！其实，我们都是在闹着玩呢！

99

再来一个回合！

第九十九天

2013 年 11 月 21 日

这张"百日照"真是有点囧呀！

第一百天

　　今天我满一百天啦！饲养员对我进行了百日体检。结果显示，我的身体状况特别好，各项指标都非常完美！这多亏了妈妈和饲养员的悉心照料。在拍"百日照"的时候，我出了一点小小的状况，由于没有坐稳，一不小心大头朝后仰卧了下去，逗得饲养员们哈哈大笑，别提有多囧啦！对比一下，这一百天里，我的变化是不是特别大呀？你还能从第一天的照片辨认出我吗？

2013 年 11 月 22 日

我 是 不 是 很 有 镜 头 感 ？

第 一 百 零 一 天

　　由于我还要喝妈妈的乳汁，对营养的要求越来越高，所以饲养员每天除了给妈妈喂食大量的竹子以外，还要饲喂适量的竹笋、苹果、营养窝窝头、胡萝卜，以及补充钙和其他微量元素，保证妈妈摄入充足的营养。妈妈得到了充足的营养，我可是第一"受益熊"哟！你看，我现在特别强壮，四肢支撑身体毫不费力，翻身、滚动更是小菜一碟！

　　在野外，有各种其他动物会袭击我们这些刚出生的宝宝，所以，为了躲避他们的攻击，如何用最短时间爬上高高的大树就显得特别重要，这也是我们大熊猫最重要的看家本领。你看，我用尽全身力气想爬上这棵树，不过后劲不继，"双脚"刚离地，"双手"就不堪支撑重量，抓不住树皮，掉了下来，摔得四脚朝天。但是我非常有毅力，调整状态后接着挑战，我就不信爬不上这棵小树！哼！

爬树是我们的
看家本领！

第一百零六天

2013 年 11 月 28 日

哈哈，
还是这样更舒服！

第一百零七天

看我标准的"证件照"，漂亮不？浑圆的脑袋，黑白分明的毛毛，相信长大以后，我一定会像妈妈一样美！这么说，是不是有点自恋呀？哈哈！你有没有注意到，我走动时，四肢都是呈"内八字"的，这跟我们的体型、骨骼、生活习性、进化过程有很大的关系。

　　作为"好奇宝宝"，我好奇蓝蓝的天空，好奇白白的云朵，好奇郁郁葱葱的小草，更好奇游客们热情的眼光。每当太阳公公从东方升起，我都着急地跑向运动场，东看看、西望望，这里的每一天都是新鲜的！

每天都是新的！

第一百一十一天

其实偶尔我们也会吃点肉肉的！

第一百一十二天

　　我们大熊猫最开始是吃肉的，而且我们天生就具有食肉动物的消化系统。但是现在，我们很少捕食动物或啃噬动物的尸体，可这并不代表我们不能吃肉，只不过我们有了更好的食物选择。根据最新的科学研究成果，由于基因变化，我们无法感觉到肉的鲜味，自然就不会费力地去找肉吃了，取而代之的是更容易得到的竹子。另外，竹子中的淀粉、半纤维素、果胶能给我们提供非常多的能量。所以，现在我们成年的大熊猫只会偶尔吃一点肉食，大部分时间还是乖乖地吃竹子！

　　我们圈养大熊猫每天的活动量比野外大熊猫少得多。一般情况下，我们每天最喜欢在清晨、临近中午和晚上睡觉前活动，其他时间就变得不那么活跃啦！所以，你要是来动物园看我，千万不要选在我不爱活动的时间哟！那个时候如看见呼呼大睡的我，可不要以为我在"耍大牌"，实在是我们的"生物钟"所定呀！

2013 年 12 月 5 日

在外面我最喜欢的
就是爬树！

第一百一十四天

这 张 看 上 去 是 不 是 很 文 静 呢?

第 一 百 二 十 一 天

　　我们性情大多比较温顺并且有点害羞，很少主动攻击其他动物或人。在野外，如果闻到有人的气息传来，我们常常会躲避起来。尽管我们与世无争，但在森林里，还是有一些特别危险的动物，如金猫、豹、豺、狼、黄喉貂等，这些动物会袭击我们年幼的大熊猫宝宝。这个时候，熊猫妈妈最容易被激怒，为了保护我们，她会瞬间变身"熊猫斗士"，遇强不弱，令敌害生畏！

　　冬日的阳光晒在身上最舒服啦！成都的冬天难得有这么明媚的阳光，像今天这样的好天气我一定要出来走走！躺在草地上，阳光如薄纱一般罩在身上，暖暖的，别提多舒服了！晒过太阳，我似乎有体力去挑战更高的树枝了，你看，我爬得高不高？站在上面，可以望到很远很远的风景，真美呀！

爬树小天才！

第一百二十五天

2013 年 12 月 18 日

这里好像藏着好吃的!

第一百二十七天

　　在户外，饲养员会把我最爱吃的食物藏在运动场的各个角落，这样，我就会花很多时间去寻找这些好吃的。不知不觉中，运动量也得到了很大的提高。

　　要说我最喜欢的户外活动，除了爬树，就是骑摇摇马了！每次骑上它，什么愁事都没了，总是玩得不亦乐乎！尽管运动场上还有秋千、吊床等各式各样的玩具设施，但我还是更喜欢摇摇马！你童年记忆中最喜欢的玩具是哪一件呢？

132

2013 年 12 月 23 日

摇摇马，我的好伙伴！

第一百三十二天

153

2014 年 1 月 13 日

欲穷千里目，
再爬高一层！

第一百五十三天

　　尝一口新鲜的竹叶，真香呀！我们除了爱吃竹子，还特别爱喝水！在野外，大部分大熊猫都会选择把家园建立在水源附近。如果一个地方竹子特别丰盛，但是没有水源，那我们也绝不会去的。你也爱喝水吗？只有多喝水，皮肤才能健康有光泽。

　　大约 100 万年前，我们大熊猫的分布区域特别广泛，北至北京附近的周口店，南至两广（广东、广西）以及附近的东南亚地区。那个时候我们的数量特别多，种群空前繁盛，可以自由自在地在野外觅食和奔跑。可是到了近现代，随着人类活动范围的不断扩大，我们的生存环境受到严重威胁。但最近几十年，经过无数大熊猫保护工作者的共同努力，情况有了很大改善。你们一定听说了，为了更好地保护我们，中国已经开始建设大熊猫国家公园了，相信我们的明天一定会更美好！

今天的情绪
有点低落呀!

第 一 百 六 十 一 天

2014 年 3 月 12 日

别闷闷不乐的，想点开心的！

第二百一十一天

　　现在，全世界有特别多关心大熊猫的叔叔阿姨，他们为了保护我们而日夜奋斗着！正是因为有了各方的关爱，我们才能够每天无忧无虑地玩耍。尤其是饲养员们，他们任劳任怨、无微不至地关心照顾我们，是我们最亲近的人！听熊猫基地的科学家们说，他们奋斗的最高目标就是有朝一日将我们放归到大自然中，这样才能够进一步扩大野外大熊猫的种群数量，让我们的种族彻底摆脱灭绝的风险。

　　外面的世界精彩纷呈也危险丛生，为了能够顺利地将我们这些圈养大熊猫放归大自然，科学家们就必须训练我们的各种能力，使我们重新恢复野性，熟练掌握野外生存的各种本事。我的很多哥哥姐姐们都去参加野外训练了，看着他们身体一天比一天强壮，本领一天比一天高强，我真是羡慕不已！从现在起我要好好锻炼，把身体练得壮壮的，争取有朝一日也可以参加野外训练！

218

好想长大！

第二百一十八天

我 会 永 远 在 心 里 记 得 妈 妈 !

第三百二十一天

　　虽然我和妈妈都是圈养大熊猫，但妈妈还是会早早地训练我的各种本领，如攀爬、觅食、打斗、抓咬等。妈妈不厌其烦地教我，是我学习本领最好的"教练"。学习之余，妈妈会紧紧地把我搂在怀里，我能感受到她对我深深的爱。可是，我和妈妈终将有一天会分开，因为大熊猫是独居动物。到那时，妈妈会赶我离开，目的是让我摆脱对她的依赖，独立地面对这个世界。

　　看我走独木桥的姿势是不是很帅气？像不像奥运会的平衡木运动员？为了训练我的平衡技能，基地的饲养员给我搭建了特制的平衡架。在野外，大熊猫需要面对各种突如其来的危险情况，所以学会走独木桥至关重要！除此之外，我要接受的训练还有很多，就像你们人类一样，从小到大，需要学习和掌握各种各样的知识和本领！让我们一起加油，去迎接一个又一个挑战！

加油！
这次肯定能过！

第三百三十二天

2014 年 7 月 15 日

这里的环境真好！

第三百三十六天

今天和妈妈一起散步，这里的环境和野外很像，有又深又密的野草和特别粗的大树。大熊猫是中国独有的动物，目前野生的大熊猫主要分布在岷山、邛崃山、凉山、大小相岭及秦岭山系。我们喜欢生活在海拔1800〜3500米的高山峡谷地带，那里植被茂盛，有郁郁葱葱的高大乔木和种类繁多的竹子，是我们大熊猫繁衍生息的最后一片家园！

尾 声

　　像天上的星星一样，成长的故事总是数不过来又转瞬即逝，小时候的故事就先讲到这里吧！随着更多大熊猫一天天长大，我们会经历更多，故事也将更加精彩。希望大家持续关注大熊猫家族，听我们讲更多的故事，再把我们的故事讲给更多的人听。

　　这里我特别想说的是，我爱成都大熊猫繁育研究基地这个大家庭，特别感谢他们为大熊猫种群延续所做的一切！

　　欢迎大家常来成都熊猫基地游玩！置身于优美如画的自然环境，你不但可以看到大熊猫、小熊猫、孔雀等嬉戏玩闹，还能学习到非常多的动物保护知识。希望能常常见到大家，我们在这儿等你！

大熊猫

大熊猫已在地球上生存了至少 800 万年，被誉为"活化石"和"中国国宝"，是世界自然基金会（WWF）的形象大使，也是世界生物多样性保护的旗舰物种。

名称

大熊猫，Giant Panda (*Ailuropoda melanoleuca*)。

生物分类

动物界—脊索动物门—哺乳纲—食肉目—熊科—大熊猫属。

保护等级

濒危物种，中国国家一级保护动物。2016 年，世界自然保护联盟（IUCU）将大熊猫受威胁程度降为"易危"。

寿命

野外大熊猫的寿命一般为 18 ～ 20 岁，圈养状态下，部分个体可以超过 30 岁。

食物

主食为竹子（竹茎、竹叶、竹笋）；在野外，偶尔还会吃一点野草、野菜，甚至小鸟或腐肉等。

分布

仅分布于中国的四川、陕西、甘肃三省的六大山系，栖息在海拔 1800 ～ 3500 米的高山竹林中。

外形识别要点

头大尾短，皮厚毛粗，毛色黑白相间，有大大的"黑眼圈"，咀嚼肌发达，前爪有伪拇指。

现存数量

据第四次全国大熊猫野外种群调查，截至 2013 年年底，全国野生大熊猫种群数量达 1864 只；2019 年 11 月 12 日，2019 大熊猫最新数据发布，全球圈养大熊猫数量达 600 只。

成都大熊猫繁育研究基地

　　天府之国，熊猫故乡。

　　在中国四川省成都市北郊的斧头山，茂林修竹中生活着一群憨态可掬的大熊猫，他们在这里繁衍生息，不断壮大。这里就是成都大熊猫繁育研究基地，我们故事的主人公茜茜就出生在这里。

　　丰腴的土壤、上千亩竹海、和煦的阳光、清新的空气造就了这里得天独厚的自然环境。而作为"大熊猫迁地保护示范工程"，以保护和繁育大熊猫、小熊猫等中国特有濒危野生动物为己任的熊猫基地，多年来深耕于大熊猫的科学研究、保护教育、文化旅游等工作。自然与科技的结合打造了这片"国宝的自然天堂，我们的世外桃源"。和茜茜一样的大熊猫们在这里怡然自得地生活着。截至2019年年底，成都熊猫基地已有大熊猫204只，小熊猫138只，每年有数百万海内外游客来此一睹它们的风采。

![PANDA logo]
PANDA
www.panda.org.cn

成都大熊猫繁育研究基地导游全景图

① 售票处

② 游客中心

③ 大熊猫博物馆

④ 办公区

⑤ 研究中心

⑥ 大熊猫14号兽舍

⑦ 大熊猫魅力剧场

⑧ 小熊猫1号活动场

⑨ 小熊猫2号活动场

⑩ 大熊猫太阳产房

⑪ 幼年大熊猫别墅

⑫ 成年大熊猫别墅

⑬ 亚成年大熊猫别墅A区

⑭ 亚成年大熊猫别墅B区

⑮ 天鹅湖

⑯ 玫瑰苑 / 玫瑰苑餐厅

　　竹韵餐厅 / 咖啡屋

⑰ 熊猫医院

⑱ 熊猫厨房

⑲ 大熊猫1号别墅

⑳ 大熊猫月亮产房

㉑ 大熊猫2号别墅

㉒ 小熊猫产房

㉓ 熊猫时光咖啡屋

图书在版编目（CIP）数据

我长大了 ：大熊猫茜茜成长故事 / 张志和著 . —— 北京 ：五洲传播出版社 ，2020.6
ISBN 978-7-5085-4452-6

Ⅰ．①我… Ⅱ．①张… Ⅲ．①大熊猫 - 青少年读物Ⅳ．① Q959.838-49

中国版本图书馆 CIP 数据核字 (2020) 第 084898 号

我长大了——大熊猫茜茜成长故事

出 版 人	荆孝敏
著　 者	张志和
责任编辑	王　莉
特约编辑	杨万熙
版式设计	殷金花
封面插画	陈　烈
封面设计	陈　烈
制　 版	北京紫航文化艺术有限公司
出版发行	五洲传播出版社
地　 址	北京市海淀区北三环中路 31 号生产力大楼 B 座 6 层
邮　 编	100088
发行电话	010-82005927，010-82007837
网　 址	http://www.cicc.org.cn，http://www.thatsbooks.com
印　 刷	北京利丰雅高长城印刷有限公司
版　 次	2020 年 8 月第 1 版第 1 次印刷
开　 本	175mm×200mm　　1/16
印　 张	9.5
字　 数	15 千字
定　 价	56.00 元

我长大了——大熊猫茜茜成长故事

张志和〇著